Jens Magenheimer

Technische Dokumentation - Bindeglied zwischen Produkt und Benutzer

GRIN Verlag

Bibliografische Information der Deutschen Nationalbibliothek:

Die Deutsche Bibliothek verzeichnet diese Publikation in der Deutschen National-
bibliografie; detaillierte bibliografische Daten sind im Internet über http://dnb.d-
nb.de/ abrufbar.

Impressum:

Copyright © 2004 GRIN Verlag GmbH
Druck und Bindung: Books on Demand GmbH, Norderstedt Germany
ISBN: 978-3-640-12067-3

Technische Dokumentation -

Bindeglied zwischen Produkt und Benutzer

Autor:
Dipl.-Ing. Jens Magenheimer, MBA

Inhaltsverzeichnis

0. Vorwort 3

1. Technische Dokumentation 4

   1.1 Aufbau/Gesamtumfang der Technischen Dokumentation 5

   1.2 Was ist Interne Technische Dokumentation? 6

   1.3 Aufgaben der Internen technischen Dokumentation 7

   1.4 Forderung an die Interne Technische Dokumentation 9

2. Anwendung der CE-Richtlinien 11

   2.1 Ausblick 13

   2.2 Maschinenrichtlinie 13

   2.3 Sicherheitsbauteil 14

   2.4 Zukünftige Entwicklung 15

3. Instandhaltung 16

4. Technische Unterlagen 17

5. Normen und Richtlinien 19

6. Facility Management 21

   6.1 Betrachtung von Lebenszykluskosten 22

   6.2 Kapitalkosten 23

   6.3 Bewirtschaftungskosten 23

   6.4 Energiekosten 24

   6.5 Instandhaltungs- und Bedienungskosten 24

   6.6 Kosten für Verwaltung 25

   6.7 Abriss- und Entsorgungskosten 25

7. Literaturverzeichnis 26

0. Vorwort

Der derzeitige Qualitätsstandard von technischen Dokumentationen lässt sich am besten durch ein Zitat eines spöttischen Zeitgenossen belegen – „Wenn man erst einmal mit einem Gerät umgehen kann, versteht man bald auch die Gebrauchsanweisung" - . Die Ironie des Satzes verdeutlicht bereits die Problematik, das schlechte Produkte auch durch umfangreiche Dokumentationen nicht besser werden. Weitere erschwerende Gesichtspunkte liegen in der geforderten – oft aber nicht gegebenen – Intelligenz-Symmetrie von Hersteller/Verfasser und Benutzer/Leser, sowie der Tatsache, dass ein direkter Nachweis des Nutzens nicht möglich ist.

Diese Ausarbeitung soll helfen die Wichtigkeit der Technischen Dokumentation in der Industrie zu verdeutlichen und zu erklären.

Die technische Dokumentation dient als Bindeglied zwischen Produkt (Hersteller) und Benutzer (Anwender) im Gesamtbereich industrieller Erzeugnisse.

Grundinformationen zum Inhalt und zur Gliederung von Benutzerinformationen sind in unterschiedlichen Normen dargestellt (siehe Seite 18-19).

Dem Hersteller technischer Produkte sollen diese Richtlinien eine Orientierung bei dem strategischen, organisatorischen, technischen und personellen Planen von Benutzerinformationen geben. Die enge Zusammenarbeit aller betroffenen Abteilungen ist die Voraussetzung für angemessene und wirksame Benutzerinformationen. Je nach Produktart oder Produktanwendung sind verschiedene Ziele erreichbar wie z.B. die Reduzierung von Kundenreklamationen sowie Garantie- und Kulanzleistungen, die Verringerung des Aufwandes für Anwenderschulungen, die wirksame Schulung des Verkaufs- und Kundendienstpersonals oder die schnelle Nutzung der Produkte.

1. Technische Dokumentation

Unter dem Oberbegriff „Technische Dokumentation" gibt es zwei unterschiedliche Arten von Dokumentationen:

- **die betriebsinterne Dokumentation des Herstellers**
- **die betriebsexterne Dokumentation für den Anwender**

Sehr unterschiedlich ist jedoch auch was einzelne Firmen unter einer vollständigen „Technischen Dokumentation" verstehen. So sind folgende Unterschiede in Firmen vorfindbar:

⇒ Technische Dokumentation = Betriebsanleitung + Ersatzteilliste

⇒ Technische Dokumentation = produktbegleitende Unterlagen + Ausarbeitung für den Service

⇒ Technische Dokumentation = gesamte produktbegleitende Information

⇒ Technische Dokumentation = produktbegleitende Service- und Verkaufsunterlagen

⇒ Technische Dokumentation = Erstellung aller Unterlagen, Checklisten usw., die produktbezogen sind, d.h. einschließlich der Erfassung von Schäden aller Art bzw. der Produktbewährungsbeobachtung

Wie man erkennen kann, gibt es Interpretationsunterschiede der Technischen Dokumentation, dennoch sind sie alle aus ähnlichen Grundunterschieden entstanden. Führt man die Definitionen bzw. Interpretationen zusammen, umfasst der Begriff der technischen Dokumentation verschiedene Dokumente mit produktbezogenen Daten und Informationen (Lebensabschnitten), die für verschiedene Zwecke... Verwendet und gespeichert werden. Unter verschiedenen Zwecken ist zu verstehen: Produktdefinition und –spezifikation, Konstruktion, Herstellung, Qualitätssicherung, Produkthaftung, Produktdarstellung, Beschreibung von Funktionen und Schnittstellen, bestimmungsmäße, sichere und korrekte Anwendung, Instandhaltung und Reparatur eines technischen Produkts sowie gefahrlose Entsorgung. [5]

Die Technische Dokumentation ist immer funktionsorientiert. Die Funktion ist meistens die Befähigung zum Handeln, d.h. der Benutzer soll mit Hilfe der TD bestimmte Handlungen ausführen.

1.1 Aufbau/Gesamtumfang der Technischen Dokumentation

Natürlich lässt sich die Frage stellen „Was gehört eigentlich zur technischen Dokumentation?". In dem Organigramm Bild 01 wird der Gesamtumfang der technischen Dokumentation mit Beispielen gegliedert. Man kann auch deutlich erkennen, dass die CE-Norm direkt zum Hersteller gehört. Die CE-Norm ist aber kein Garantiesiegel! Das Facility-Management hat auf alles ein Auge gerichtet, es sorgt im wesentlich für die Koordinierung der einzelnen Bereiche. Detaillierter wird in den einzelnen Kapiteln auf die Schwerpunkte eingegangen.

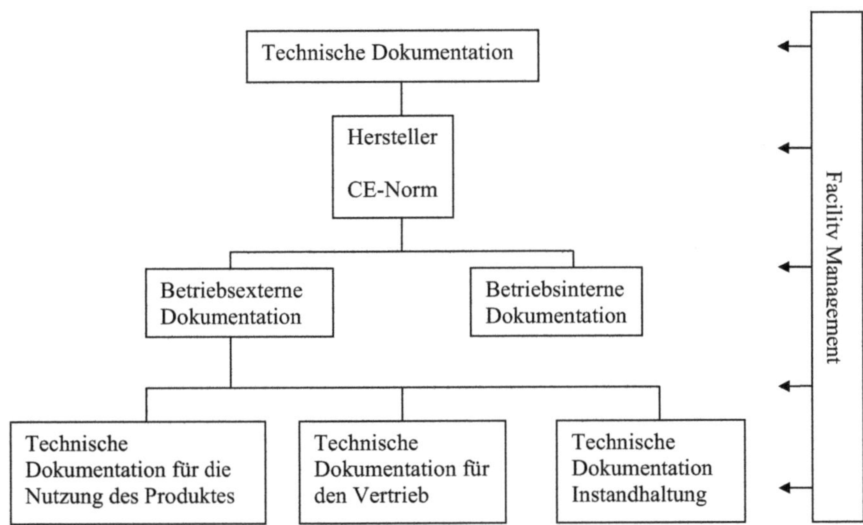

Bild 1.1: Was gehört zur technischen Dokumentation (angelehnt an [5])

1.2 Was ist Interne Technische Dokumentation?

Die Interne Technische Dokumentation beinhaltet alle technischen Informationen über ein Produkt, die im Unternehmen verbleiben; diese werden in unterschiedlichen Dokumenten nachvollziehbar festgehalten. Weiterhin umfasst sie alle notwendigen Angaben zu Entwicklung, Fertigung, anwendungsbezogener Prüfung, Instandhaltung, Produktbeobachtung und Entsorgung. Über den Umfang einer Internen Technischen Dokumentation zu einem Produkt entscheidet der Hersteller entsprechend den gesetzlichen Forderungen und Anforderungen der Kunden. Die Interne Technische Dokumentation als Teilbereich der Technischen Unternehmensdokumentation ist in Bild 02 dargestellt

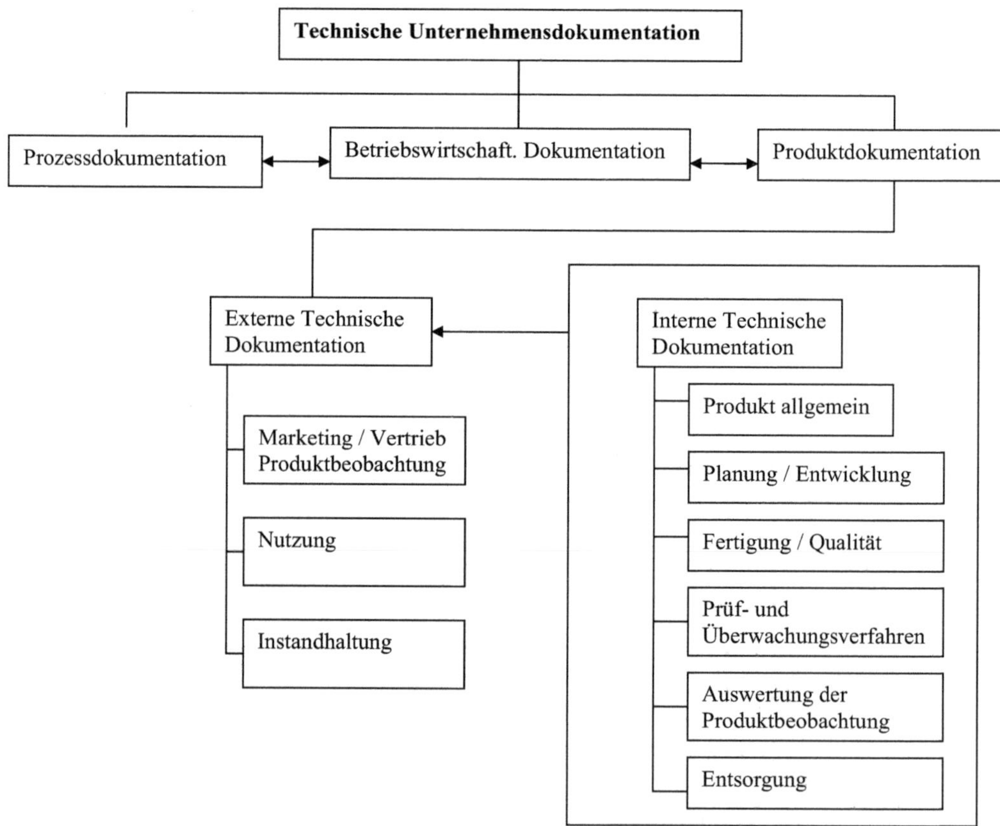

Bild 1.2 Interne TD als Teilbereich der Technischen Unternehmensdokumentation [5]

1.3 Aufgaben der Internen Technischen Dokumentation

Die Interne Technische Dokumentation dient überwiegend der qualitätsgerechten, umweltbewussten und ökonomischen Fertigung eines Produktes. Die meisten internen Dokumentationen gelangen gar nicht erst an den Anwender bzw. an externe Personen. Für die unternehmensexterne Technische Dokumentation für Marketing/Vertrieb, Nutzung, Produktbeobachtung und Instandhaltung ist insbesondere auch unter juristischen Gesichtspunkten die lückenlose Interne Technische Dokumentation notwendig, wobei diese die gesamte Lebensdauer des Produktes umfasst. Aufgrund der Verschiedenartigkeit der Produkte kann hier nur eine Grobstruktur als Anhalt gegeben werden. Insbesondere für die eine Gefahr von gesundheitlichen oder materiellen Schäden nicht auszuschließen ist, ist eine vollständige Dokumentation über die gesamte Produktlebensdauer unerlässlich, um die Erfüllung der Sorgfaltspflicht des Unternehmens nachzuweisen und wirtschaftliche Schäden für das Unternehmen zu vermeiden. [1]

Als Grundlage für die Erstellung der Internen Technischen Dokumentation werden die Phasen des Produktlebenszyklus nach DIN ISO 15 226 und rechtliche Anforderungen herangezogen. Diese Phasen sind:

- ⇒ **Produktidee**
- ⇒ **Konzepterarbeitung**
- ⇒ **Entwicklung / Konstruktion**
- ⇒ **Prototyp**
- ⇒ **Produktion**
- ⇒ **Produktbetreuung**
- ⇒ **Produktbeobachtung**
- ⇒ **Entsorgung oder Wiederverwertung**

Bereits bei der Konzepterarbeitung sind die verschiedenen Aufgaben der Internen Technischen Dokumentation zu beachten, z.B.

- **produktrelevante und anwenderbezogene Unterlagen und Informationen**
- **unternehmensinterne Strukturen und Abläufe**
- **Dokumentinhalte und deren Gliederung**
- **Informationsbedarf der einzelnen Bereiche (Wer braucht welches Dokument zu welchem Zeitpunkt mit welchem Inhalt?)**
- **Dokumente, die mit anderen in Verbindung stehen (Dokumentenstruktur)**
- **Medien, auf welche die Unterlagen erstellt, gespeichert und verteilt werden**
- **Terminologie**
- **Benummerung für die Identifizierung, Klassifizierung und Steuerung**
- **Merkmalsbeschreibung und Verkettungen (Merkmale und deren Referenzstrukturen)**
- **Sicherheitskonzept (Gegen Missbrauch und Falscheinsatz) auf der Grundlage der bestimmungsmäßigen Verwendung**

1.4 Forderung an die Interne Technische Dokumentation

Zweck der Internen Technischen Dokumentation ist es, den Unternehmen – mit möglichst geringen Kosten und zeitlichen Belastungen der Mitarbeiter – in allen Phasen des Produktlebenszykluses ausreichende aussagefähige Nachweise über ihre Produkte und deren Eigenschaften zu ermöglichen, so dass bei Konzeption, Entwicklung, Konstruktion, Fertigung, Montage und Prüfung der einzelnen Produkte, bei Verfahren und der Organisation von Dienstleistungen die rechtlichen Anforderungen aus den verschiedenen Rechtsbereichen erfüllt werden und der Stand der Technik wirkungsvoll eingehalten ist. [1]

Nur was technisch für die einzelnen Produkte, Verfahren und Dienstleistungen und deren unterschiedliche Anwendungen für den Fachmann aussagefähig ist, kann das Erfüllen der allgemeinen und speziellen rechtlichen Anforderungen beweisen. Die Aussagefähigkeit ist im Schadensfall vom Unternehmen nachzuweisen und unterliegt der inhaltlichen Prüfung durch das Gericht unter Mithilfe unabhängiger technischer Sachverständiger. Für die interne Technische Dokumentation verantwortliche Führungskräfte und Mitarbeiter sollten die einzelnen rechtlichen Anforderungen an Umfang, Inhalt, Aussagefähigkeit und Nachweise einer Internen Technischen Dokumentation und ihrer einzelnen Teile vollständig kennen, um sie wirksam zu erfüllen. Rechtlicher Maßstab für verantwortungsvolles Verhalten von Unternehmen, ihren Führungskräften und Mitarbeitern ist das zuverlässige Umsetzen des Standes der Technik als technische Voraussetzung für angemessen sichere Produkte und Dienstleistungen. [4]

Anforderungen an die Unternehmen, ihre Produkte / Verfahren und Nachweise dafür werden in Rechtsnormen in allgemeinen unbestimmten Rechtsbegriffen beschrieben, die jederzeit ohne das formale Recht zu ändern den technischen, wirtschaftlichen und gesellschaftlichen Entwicklungen angepasst werden können. Der unbestimmte Begriff „Stand der Technik" wurde vom Gesetzgeber dafür als verbindlicher Maßstab vorgegeben und durch das Bundesverfassungsgericht verbindlich definiert als:

- das Fachleuten verfügbare Fachwissen,
- wissenschaftlich begründet,
- ausreichend erprobt und
- praktisch bewährt.

Der Inhalt dieses Maßstabs ist nirgends konkret technisch auswertbar erläutert, sondern muss in jedem Einzelfall für den Zeitpunkt seiner Anwendung spezifiziert werden. Das Einhalten allgemein anerkannter Regeln der Technik, seien es harmonisierte europäische (EN) oder nationale Normen, begründet nur eine widerbelegbare Erfüllungsvermutung, dass die nach diesen Regeln hergestellten oder geprüften Produkte, Verfahren oder Dienstleistungen allgemeine Anforderungen der Rechtsnorm erfüllen. Allgemein anerkannte Regeln der Technik sind nicht allgemein rechtlich verbindlich. Den Unternehmen steht es frei, abweichende Lösungen zu verwirklichen, wenn das in den Rechtsnormen vorgegebene Ziel mit mindestens der gleichen Sicherheit erreicht wird. [4]

Beispiele für die Interne Technische Dokumentation:
- Werksnormen, Vorschriften und Regelwerke
- Entwicklungsdokumentation (Stücklisten, Zeichnungen, Berechnungen,etc)
- Sicherheitsdokumente (Gefahrenanalyse)
- Instandhaltungsdokumentation (Ersatzteillisten, Zeichnungen, notwendige Prüfunterlagen und Wartungsvorgaben, Demontage- u. Wartungsvorschriften)

2. Anwendung der CE-Richtlinien

Die Anwendungsprüfung soll die Frage beantworten, welche CE-Richtlinien bei der Umsetzung der CE-Kennzeichnung anzuwenden sind. Die Anwendungsprüfung ist immer dann durchzuführen, wenn ein neues Produkt in den Verkehr gebracht werden soll. Der „Hersteller" eines Produktes prüft in eigener Verantwortung, welche der CE-Richtlinien er für sein Produkt anwenden muss. Sollte eine Anwendungsprüfung kein eindeutiges Ergebnis liefern, dann sind die offenen Fragen möglichst frühzeitig mit den zuständigen Kontrollbehörden oder Prüfstellen zu klären.Eine Übersicht einiger bisher erschienen CE-Richtlinien ist in der nachfolgenden Tabelle mit einigen Anwendungsbeispielen zusammengefasst : [11]

Lfd Nr.	Bezeichnung	Kenn-Nummer	Anwendung ab	Anwendungsbeispiel
01	Maschinen	98/37/EG	01.01.1995	Angetriebene Maschinen Fertigungsstraßen Elektrowerkzeuge Hebezeuge Fahrbare Arbeitsmaschinen Nahrungsmittelmaschinen Elektrosägen Maschinen zur Holzbearbeitung Pressen

02	Niederspannung	73/23/EWG	18. 08. 1975	Elektomotoren Haushaltsgeräte Elektrisch betriebene Maschinen
03	Elektromagnetische Verträglichkeit	89/336/EWG	01. 01. 1996	Geräte mit elektronischen Bauteilen Uhren
04	Einfache Druckbehälter	87/404/EWG	01. 07. 1992	Luftkessel Hydraulikkessel
05	Druckgeräte	97/23/EG	30. 05. 2002	Ventile Rohrleitungen
06	Persönliche Schutzausrüstungen	89/686/EWG	01. 07. 1995	Gasmasken Schutzbrillen Schutzkleidung
07	Nichtselbsttätige Waagen	90/384/EWG	01. 01. 2003	Preiswaagen in Supermärkten
08	Gasverbrauchs-einrichtungen	90/396/EWG	01. 01. 1996	Brenner
09	Wirkungsgrade von Warmwasserheizkesseln	92/42/EWG	01. 01. 1998	Heizkessel in Gebäuden
10	Aufzüge	95/16/EG	01. 07. 1999	Personenaufzug Güteraufzug
11	Bauprodukte	89/106/EWG	mit Geltung der EN Normen	Baustoffe und Bauteile für: Heizungsanlagen Klimaanlagen Lüftungsanlagen Sanitäranlagen und Elektroanlagen
12	Geräte und Schutzsysteme in explosionsgefährdeten Bereichen	94/9/EG	01. 07. 2003	Elektromotoren Lampen Sicherheitsbauteile
13	Spielzeug	88/378/EWG	01. 01. 1990	Stofftiere, Puppenwagen
14	Seilbahnen für den Personenverkehr	2000/9/EG	03. 05. 2004	Seilbahnen Schlepplifte
15	Explosivstoffe für zivile Zwecke	93/15/EWG	01. 01. 2003	Sprengstoff
16	Sportboote	94/25/EWG	17. 06. 1998	Motorboote Segelboote
17	Funkanlagen und Telekommunik.-Endeinrichtungen	1999/5/EG	07. 04. 2001	Telefone Funkanlagen

Tabelle 2.1: CE-Richtlinien, Anwendungsbeispiele [11]

2.1 Ausblick

Von den bisher erschienenen CE-Richtlinien ist der weitaus größte Teil aller technischen Produkte betroffen. Dieser Einflussbereich wird sich auch in absehbarerer Zunkunft noch vergrößern, denn nach wie vor erscheinen noch neue CE-Richtlinien. [11]

2.2 Maschinenrichtlinie

Nachfolgend einen Überblick, welche Produkte von der Maschinen-Richtlinie erfasst werden. Diese Richtlinie gilt für Maschinen und einzeln in Verkehr gebrachte Sicherheitsbauteile.

1. Merkmal: „Eine Maschine ist eine Gesamtheit von miteinander verbundenen Teilen oder Vorrichtungen, von denen mindestens eines beweglich ist, sowie gegebenenfalls von Betätigungsgeräten, Steuer- und Energiekreisen usw., die für eine bestimmte Anwendung, wie die Verarbeitung, die Behandlung, die Fortbewegung und die Aufbereitung eines Werkstoffes zusammengefügt sind."

Beispiel: Handbohrmaschine, Drehbank, Heckenschere, Fahrbare Arbeitsmaschinen

2. Merkmal: „Eine Maschine ist eine Gesamtheit von Maschinen, die, damit sie zusammenwirken, so angeordnet sind und betätigt werden, dass sie als Gesamtheit funktionieren."

Beispiel: komplexe Anlagen, Fertigungsstraßen

3. Merkmal: „Eine Maschine ist eine auswechselbare Ausrüstung zur Änderung der Funktion einer Maschine, die nach dem Inverkehrbringen vom Bedienpersonal selbst an einer Maschine oder einer Reihe verschiedener Maschinen bzw. an einer Zugmaschine anzubringen sind, sofern diese Ausrüstungen keine Ersatzteile oder Werkzeuge sind."

Beispiel: Arbeitsgeräte zum Anbau an Ackerschlepper

[11]

2.3 Sicherheitsbauteil

„Ein Sicherheitsbauteil ist, soweit es sich nicht um eine auswechselbare Ausrüstung handelt, ein Bauteil, das vom Hersteller oder seinem in der Gemeinschaft niedergelassenen Bevollmächtigten mit dem Verwendungszweck der Gewährleistung einer Sicherheitsfunktion in den Verkehr gebracht wird und dessen Ausfall oder Fehlfunktion die Sicherheit oder die Gesundheit der Personen im Wirkbereich der Maschine gefährdet."

Beispiel: Endschalter, Lichtschranken, Schaltleisten

Die Frage, wann ein Bauteil zu einem Sicherheitsbauteil wird, lässt sich unter Umständen nicht immer einfach beantworten. Hier ist häufig eine Bewertung des Einzelfalles notwendig. Entscheidend ist, ob Sie als Hersteller dem Bauteil definitionsgemäß eine Sicherheitsfunktion zukommen lassen.

Beispiel: Über eine Kraftmessdose wird automatisch der Messbereich eines Messgerätes angepasst. Das Bauteil hat keinen Einfluss auf die Sicherheit und ist damit kein Sicherheitsbauteil.

Über eine Kraftmessdose wird an einem Kran das Gewicht der angehängten Last überwacht. Die Kraftmessdose gewährleistet die Standsicherheit des Kranes und ist damit ein Sicherheitsbauteil. [11]

2.4 Zukünftige Entwicklung

Mit der überarbeiteten Maschinenrichtlinie soll der Anwendungsbereich der Richtlinie wie folgt definiert werden:

- Fahrzeuge zur Personenbeförderung auf Flughäfen und in mineralgewinnenden Betrieben
- Maschinen im engeren Sinne und als Gesamtheit
- Auswechselbare Ausrüstungen
- Sicherheitsbauteile
- Lastaufnahmeeinrichtungen
- Abnehmbare mechanische Übertragungsvorrichtungen und deren Schutzeinrichtungen
- Tragbare Geräte mit Treibladung
- Unvollständige Maschinen

3. Instandhaltung

Bei der Instandsetzung / Instandhaltung unterscheidet man in mehrere logische Aktivitäten:

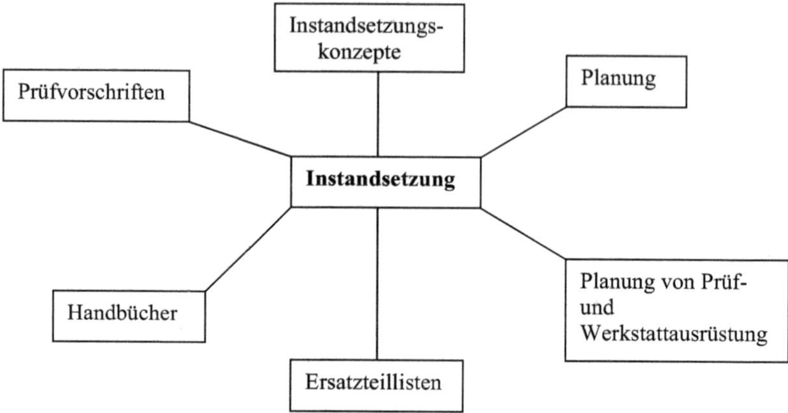

Bild 3.1: Instandsetzung [6]

Des Weiteren kann man die technische Dokumentation der Instandhaltung so beschreiben, dass mindestens ein allgemeiner Hinweis auf Wartung und Inspektion erfolgt. Dem sollte auch immer eine Wartungs- und Inspektionsliste beigefügt sein. Die Listen sind wegen der besseren Übersicht in Tabellenform mit Wartungs- und Inspektionsintervalle, die Kontrollstellen und Wartungshinweise beinhalten. Die Intervalle können in Betriebsstunden oder Perioden angegeben werden. Außerdem sollte zur optimalen Wartung auch der Hinweis zur Schmierung über eine Schmierstofftabelle bzw. zur richtigen Lagerung der Schmierstoffe. [8] [4]

4. Technische Unterlagen

Das hier gezeigte Organigramm soll die Gliederung der Technischen Unterlagen verdeutlichen. Dieses Diagramm gilt nicht nur für die Instandsetzung sondern lässt sich auf jeden Unternehmenszweig übertragen.

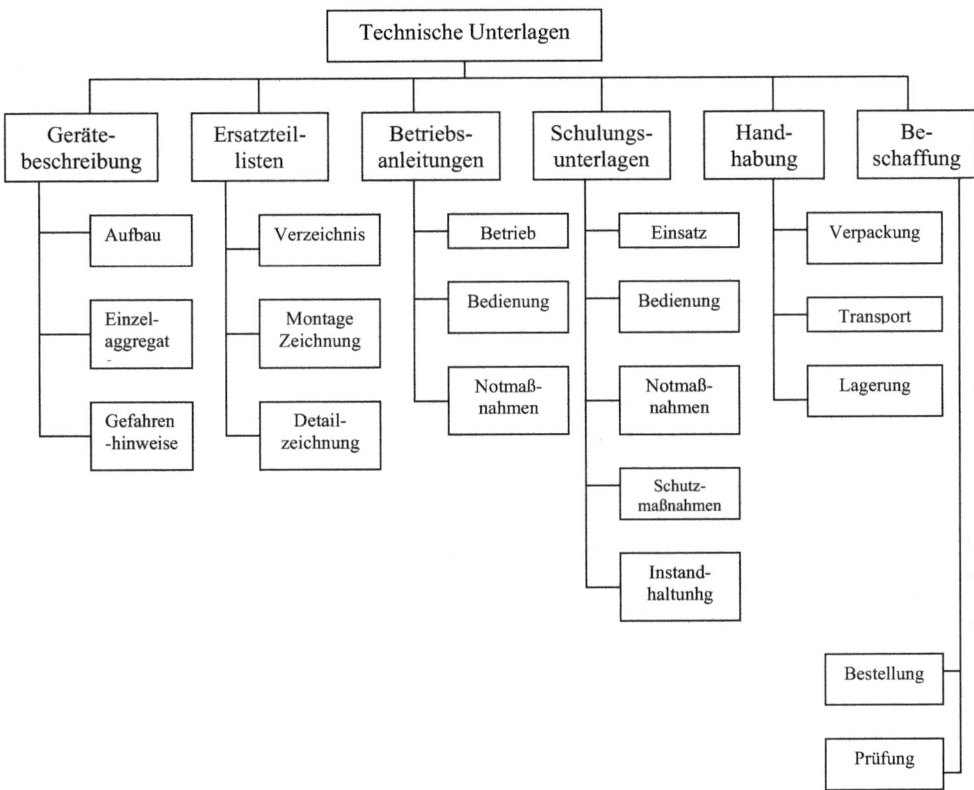

Bild 4.1: Technische Unterlagen [5]

Welchen Umfang hat eine Dokumentation?

Es stellt sich die Frage, wie viel Dokumentationsmaterial

- **muss angefertigt werden**
- **sollte als „fallout" entstehen**

um ein System vollständig zu beschreiben.

Das angesammelte Dokumentationsmaterial entspricht bzw. beinhaltet nicht immer nur reine Informationen zu Erstellung, deswegen sollte man eine Klassifizierung hinsichtlich des Gewichtes der Unterlagen (des Informationsumfangs) vorgenommen werden. Die Klassifizierung könnte z.B. so aussehen:

Welche Informationen sind

- **unbedingt erforderlich**
- **wünschenswert zum näheren Verständnis**
- **nett zu haben, aber nicht nötig**

[4]

Grundsätzliche Anforderungen an Dokumentationen und somit auch an Einflussgrößen mit Wirkung für den Umfang sind:

⇒ **Richtigkeit**

⇒ **Vollständigkeit**

⇒ **Fehlerfreiheit**

⇒ **Widerspruchsfreiheit**

⇒ **Vermeidung von Ballast / Redundanz**

Beispiel für eine Layout-Struktur →

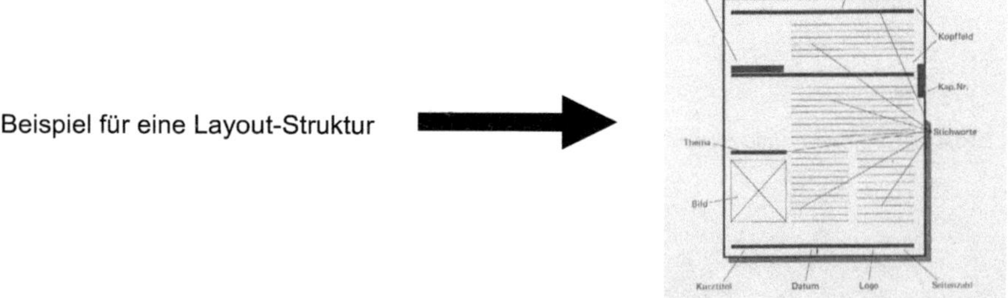

Bild 4.2: Layout [6]

5.0 Normen und Richtlinien

Hier sind die wichtigsten Normen und Richtlinien für die technische Dokumentation.

Zu Anleitungen

Nummer	Bezeichnung	Bemerkungen
DIN EN 292	Sicherheit von Maschinen, Grundbegriffe	Auslegung der Maschinen-Richtlinie
DIN EN 378	Kälteanlagen u. Wärmepumpen, Betrieb, Dokumentation	
DIN EN 1041	Informationen zu Medizinprodukten	
DIN V 8414	Benutzerinformationen	Seit Nov.01 DIN EN 62079
DIN T1 8659	Schmierung von Werkzeugmaschinen, Schmieranleit.	
DIN T3 8975	Kälteanlagen, sicherheitstechnische Anforderungen für Gestaltung, Aufrüstung, Aufstellung und Betreiben	
DIN 24343	Fluidtechnik-Hydraulik, Wartungs- u. Inspektionsliste	
DIN 24403	Betriebsanleitungen für Zentrifugen	
DIN 24402	Ersatzteillisten, Form und Aufbau des Textteiles	
DIN 31000	Begriffe der Sicherheitstechnik	
DIN 31051	Instandhaltung, Begriffe und Maßnahmen	
DIN 31052	Instandhaltung, Inhalt und Aufbau	
DIN 31252	Lasergeräte, Mindestanforderung an die Dokumentation	
DIN 43602	Betätigungssinn u. Anordnung von Bedienteilen	
DIN EN 61010	Sicherheitsbestimmungen für elektrische Meß-, Steuer-, Regel und Laborgeräte	
DIN EN 62079	Erstellung von Anleitungen: Gliederung, Inhalt, etc.	Allg. Norm
DIN V 66055	Gebrauchsanweisungen für verbraucherrelevante Prod.	Seit Nov.01 ersetzt durch DIN EN 62079
ISO IEC 37	Instroctions for use of products of consumer interest	
VDI 2519	Vorgehen bei der Erstellung von Lasten-/Pflichtenheft	
VDI 2890	Planmäßige Instandhaltung, Anleitung zur erstellung Wartungs- und Inspektionsplänen	
VDI 3620	Leitfaden für die Aufstellung einer Betriebsanleitung für Stetigförderer	Bei Beuth gestrichen
VDI 4500	Technische Dokumentation, Benutzerinformationen	Allg. Richtlinien

Zur Gestaltung

Nummer	Bezeichnung	Bemerkungen
DIN ISO 3864-3	Sicherheitsfarben u. –zeichen (in Benutzerinformationen)	Entwurf
DIN EN 4844	Sicherheitskennzeichnung, Begriffe, Grundsätze	
DIN ISO 6433	Positionsnummern, Kennzeichnung im Uhrzeigersinn	
DIN 6789	Dokumentationssystematik	
DIN ISO 10209	Technische Produktdokumentation	
DIN T1 40008	Sicherheitsschilder, Darstellung der Schilder in der Elektrotechnik	
DIN 11042	Instandhaltungsbücher, Bildzeichen, Benennungen	
DIN 40910	Leitfaden für die Technische Dokumentation elektronischer u. leittechnischer Einrichtungen	Zurückgezogen
DIN EN 61310	Sicherheitskennzeichnung am Arbeitsplatz	
VDI 2815	Stücklisten	

Zur Terminologie

DIN 32541	Betreibung von Maschinen und vergleichbaren technischen Arbeitsmitteln	

Zur Textverarbeitung

DIN T1 1301	Einheiten, Einheitennamen und -Zeichen	
DIN 1421	Gliederung und Benummerung von Texten, Abschnitte, Absätze, Aufzählungen	
DIN 2335	Sprachenzeichen	
DIN 5008	Schreib- und Gestaltungsregeln für die Textverarbeitung	
DIN 16511	Korrekturzeichen	
DIN EN 23166	Codes für Ländernamen	

Tabelle 5.1: Normen und Richtlinien [2]

6. Facility Management

Die Ursprünge von Facility Management liegen in der Gebäudebewirtschaftung. Facility Management ist die systematische, ertragssteigernde Bewirtschaftung von Immobilien und kann als eine Ergänzung zu den bisher bekannten Managementansätzen gesehen werden. Das Grundkonzept kann auf alle anderen Bereiche, die mit Ressourcen und Maschinen arbeiten angewandt werden. Ziele sind immer dauerhafte Einsparungen und eine Optimierung der Prozesse innerhalb des Unternehmens. Oft werden Synergien im Nutzungs- und Betriebsprozess nicht genutzt.

Die Betrachtung von Lebenszykluskosten führt weitere Aspekte hinzu, die meist nicht beachtet werden. [3]

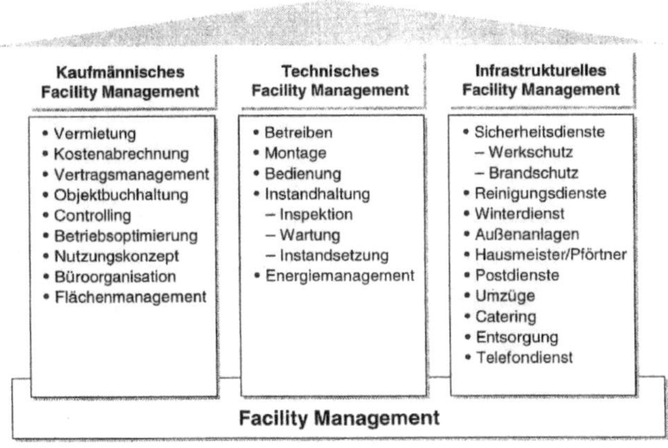

Bild 6.1: Klassische Bereiche des Facility Managements [3]

Für die technische Dokumentation wichtige Aspekte sind die Lebenszykluskosten, Energiearten, Infrastruktur und das Anlagen-Reengineering. Des Weiteren wird auf die einzelnen Aspekte eingegangen.

6.1 Betrachtung von Lebenszykluskosten

Mit Lebenszykluskosten ist die ganzheitliche Betrachtungsweise von Erst- und Folgekosten gemeint, als Erstkosten sind die Investitionskosten zu verstehen, als Folgekosten werden in dieser Arbeit die Bewirtschaftungskosten verstanden. Allerdings wurden die Kosten für Abriss und Entsorgung nicht mit berücksichtigt. Für diese Kostenarten sind keine verlässlichen Daten vorhanden, da sie sich auch nach den Maschinen und den Verträgen richten. Gerade deshalb wird darauf hingewiesen, dass diese immer mitberücksichtigt werden müssen. [3]

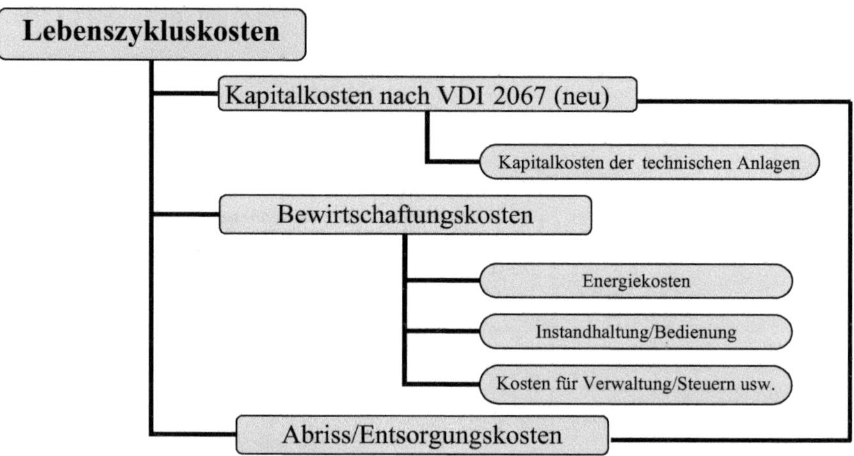

Bild 6.2: Definition Lebenszykluskosten nach [3]

6.2 Kapitalkosten

Die Kapitalkosten nach VDI 2067 haben das Ziel eine "Bewertung gebäudetechnischer Anlagen in energetischer, ökologischer und wirtschaftlicher Sicht" zu bewerten, sie soll bereits in einer sehr frühen Planungsphase (Konzeptionsphase) eine Entscheidung zwischen verschiedenen Varianten für eine definierte Nutzung hervorheben [14].

Diese Sichtweise kann auf andere Bereiche ebenso angewendet werden. So richten sich die Kapitalkosten nach der zu erwartenden Auslastung der Anlage. Dabei muss auch die zukünftige Auftragslage berücksichtigt werden. Dazu gehören auch die Kosten für die Aufstellung und Montage. Um unnötige Kosten zu vermeiden, z.B. bei einer spätern Erweiterung der Anlage sollten diese Aspekte berücksichtigt werden, denn eine voraus größer geplante Anlage wäre unter gewissen Umständen günstiger.

Auch die Frage nach dem Energieverbrauch nimmt in den letzten Jahren einen größeren Platz ein und muss somit stärker in die Entscheidungen einfliesen.

Die Abriss- und Entsorgungskosten sind je nach Kaufvertrag schon beinhaltet und müssen mit berücksichtigt werden. So kann es sein das die gleiche Maschine bei einem anderen Anbieter teurer ist, aber bei diesem schon der Abriss und die Entsorgung beinhaltet ist. Rechnet man dies heraus so könnte die Maschine dann doch günstiger sein. In ökologischer Hinsicht muss der Verbrauch z.B. an Schmierstoffen und Kühlschmierstoffen beachtet werden, da diese sich im finanziellen Masse auswirken (Frage der Entsorgung und Anschaffung). [3]

6.3 Bewirtschaftungskosten

Zu den Bewirtschaftungskosten gehören die Energiekosten, Instandhaltungs- und Bedienungskosten und die Kosten für die Verwaltung. [3]

6.4 Energiekosten

Die Energiekosten wurden schon zum größten Teil bei den Kapitalkosten berücksichtig, doch können noch versteckte Energiekosten entstehen. Ein Beispiel wäre eine zu gering ausgelegte Anlage, die durch eine verstärkte Ausnutzung im Energieverbrauch steigen würde oder der Verbrauch an Energie für die zusätzliche Nutzung von Maschinen bei der Instandhaltung.

Es besteht die Möglichkeit auf zwei Arten die Energiekosten zu senken, zum einen die nicht investive Maßnahme und die investive Maßnahme.

So könnte der Verbrauch an elektrischer Energie durch ein helligkeitsgesteuertes Beleuchtungssystem gesenkt werden, dies würde aber eine investive Maßnahme bedeuten. [3]

6.5 Instandhaltungs- und Bedienungskosten

Instandhaltungskosten sind die Kosten die bei der Instandhaltung entstehen, dazu zählen die Mitarbeiter-, Material- und Ausfallkosten. Durch den Ausfall während der Instandhaltungsphase können zusätzliche Kosten entstehen, wenn die Anlage voll ausgelastet ist oder ein Prozess nachgeschaltet ist. Dies sollte möglichst vermieden werden durch einen geeigneten Zeitpunkt dieser Maßnahmen. So könnten bestimmte Instandhaltungstätigkeiten vorverlegt werden. Auch ist die Anzahl der erforderlichen Instandhaltungs-Maßnahmen eine wichtige Zahl, da diese die Kosten stark steigern könnte.

Bedienungskosten sind die Kosten die bei der Bedienung der Anlage entstehen, dazu gehören im erhöhten Masse die Personalkosten, die Reglungskosten (EDV) und die Kosten die von der Geschwindigkeit der Anlage abhängen.

Z.B. eine Anlage vom Hersteller A die von drei Personen bedient wird aber nur die hälfte der Produkte liefert ist Bedienungskosten ungünstiger als eine Anlage vom Hersteller B die nur von einer Person bedient wird und die volle Zahl der Produkte liefert. [3]

6.6 Kosten für Verwaltung

Die Kosten für die Verwaltung richten sich nach der Größe der Anlage und ihrer Komplexität. Dort liegt durch die EDV ein Einsparpotential. Moderne EDV-Systeme kombinieren heute schon komplexe und vielseitige Aufgaben und wirken sich somit positiv auf die Kosten aus.

Es sollte aber immer ein möglichst einfaches System angestrebt werden um auch diese Ausgaben zu verringern.

Es macht z.B. wenig Sinn nur eine Förderstrasse für mehrere Anlagen auszulegen wenn dadurch ein zu kostenintensives EDV-System benötigt wird, welches mit einem erhöhten Personalaufkommen einhergeht. [3]

6.7 Abriss- und Entsorgungskosten

Abriss- und Entsorgungskosten sind die Kosten die entstehen beim Abbau einer Anlage und ihrer späteren Entsorgung. Sie beinhaltet neben den Personalkosten, Transportkosten und Entsorgungskosten bei dem gewählten Entsorger auch mögliche Kosten für Ausfälle des Produktionsstranges oder Kosten für Sondergenehmigungen. Auch können durch bestimmte Auflagen des Bundes und der Länder weitere zu kalkulierende Kosten entstehen. Es besteht auch die Möglichkeit, dass der Hersteller diese Aufgaben übernimmt. Dies ist der Fall wenn dies im Kaufvertrag beinhaltet ist. [3]

7. Literaturverzeichnis

[1]   **VDMA**
        Betriebsanleitungen Technische Dokumentation
        Im Maschinen- u. Anlagenbau
        Maschinenbau-Verlag Frankfurt, 1989

[2]   **Dietrich Juhl**
        VDI Technische Dokumentation
        Springer-Verlag Berlin, 2002

[3]   **Henzelmann Torsten**
        Facility Management
        Expert-Verlag Renningen, 2001

[4]   **Manuskript**
        Technische Dokumentation
        FH Karlsruhe, 2002

[5]   **VDI**
        VDI 4500, Blatt 1 Technische Dokumentation Benutzerinformation
        VDI-Richtlinien, 2000

[6]   **Prof. Dr.-Ing. W. Dreger**
        Haus der Technik E.V. (Veranstaltungsunterlagen)
        Seminar Nr. S-30-107-032-8, 1988

[7]   **VHD Referat**
        Logische Erfordernisse im Lebenslauf moderner Investitionsgüter

[8]   http://www.vdi-nachrichten.com/library/download/548_Technische_Dokumentation.pdf
        (28.04.04)

[9]   http://www.tanner.de/de/fachportal-technische-dokumentation-
        redaktionssysteme/artikel/technische-dokumentation/   **(28.04.04)**

[10]   http://www.doculine.com/news/1997/08_97/TechDoku.htm **(28.04.04)**

[11]   http://www.vdi-nachrichten.com/ce-richtlinien/navigator/umsetzung_teil.asp **(28.04.04)**

[12]   http://www.pcsoft.de/files/vipscarsis_referenz_vossloh.pdf **(28.04.04)**

[13]   http://www.facility-manager.de/ **(28.04.04)**

[14]   http://www.bhkw-infozentrum.de/richtlinien/vdi2067_uebersicht.html **(28.04.04)**